CHEZ LE MÊME ÉDITEUR

NOUVELLE COLLECTION D'ALBUMS — MÊME FORMAT

LA CHASSE AUX PAPILLONS

GRAVURES NOMBREUSES, COLORIS EXACT ET SOIGNÉ

LA MER

ALBUM DES PETITS BAIGNEURS

LE JARDIN D'ACCLIMATATION

VUES DES PARCS, CHALETS, AQUARIUM, ETC.

LE LIVRE ALBUM

GRAVURES ET HISTORIETTES EN GROS CARACTÈRES POUR LES PREMIÈRES LECTURES

GRAMMAIRE DROLATIQUE

PLAISIRS NEUFS SUR LES NEUF DÉPLAISIRS OU PARTIES DU DISCOURS

ARITHMÉTIQUE COMIQUE

PLAISIRS EN NOMBRES

DÉCOUVERTES ET INVENTIONS MÉMORABLES

DATÉES PAR ELLES-MÊMES

CHIFFRES EN ACTION

HISTOIRE DE FRANCE

DÉDIÉE AU JEUNE ÂGE

ALPHABET PARLANT

AVEC EXERCICES DIVERTISSANTS

PARIS — IMP. SIMON RAÇON ET COMP., RUE D'ERFURTH, 1.

RAPACES

LES
OISEAUX

LES

OISEAUX

DESCRIPTION

DES

PRINCIPALES ESPÈCES DES OISEAUX D'EUROPE

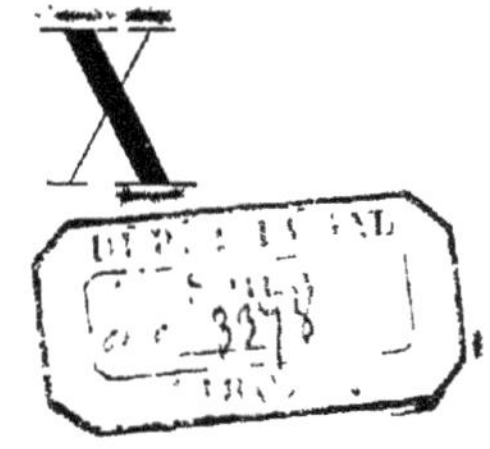

DESSINS ET GRAVURES DE PAUQUET FRÈRES

PARIS

AMÉDÉE BÉDELET, LIBRAIRE

14, RUE SÉGUIER, 14

ANCIENNE RUE PAVÉE-SAINT-ANDRÉ-DES-ARTS.

1865

LES

OISEAUX

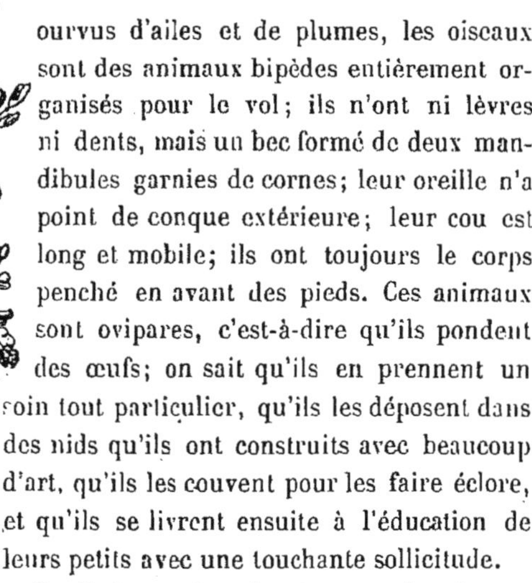

ourvus d'ailes et de plumes, les oiseaux sont des animaux bipèdes entièrement organisés pour le vol; ils n'ont ni lèvres ni dents, mais un bec formé de deux mandibules garnies de cornes; leur oreille n'a point de conque extérieure; leur cou est long et mobile; ils ont toujours le corps penché en avant des pieds. Ces animaux sont ovipares, c'est-à-dire qu'ils pondent des œufs; on sait qu'ils en prennent un soin tout particulier, qu'ils les déposent dans des nids qu'ils ont construits avec beaucoup d'art, qu'ils les couvent pour les faire éclore, et qu'ils se livrent ensuite à l'éducation de leurs petits avec une touchante sollicitude.

On distingue dans le plumage des oiseaux les pennes ou grandes plumes des ailes et de la queue, et les plumes proprement dites. Les pennes des ailes se nomment rames; celles de la queue, rectrices. Les plumes des oiseaux tombent et se renouvellent une ou deux fois par an : ce phénomène a lieu ordinairement après la ponte. Beaucoup d'espèces éprouvent le besoin de changer de séjour et de climat à certaines époques; on connaît les migrations des hirondelles, les longs voyages des cailles, des canards, des grues et des cygnes; c'est ce que les chasseurs appellent le passage des oiseaux.

D'après la forme de leur bec et la position de leurs pattes, l'on a subdivisé la classe de ces animaux en six ordres, qui sont : les *oiseaux de proie*, les *passereaux*, les *grimpeurs*, les *gallinacés*, les *échassiers*, et les *palmipèdes*.

OISEAUX DE PROIE

Les Oiseaux de proie, ou Rapaces, ont un bec crochu dont la pointe
aiguë se recourbe en bas, des pieds courts et des doigts libres, dirigés,
trois en avant, un en arrière, et armés d'ongles forts et crochus; ces extré-
mités se nomment griffes ou serres; ces oiseaux de proie vivent de chair,
et poursuivent les autres oiseaux. Ils forment deux familles : les *diurnes*
et les *nocturnes*. La première famille comprend les espèces dont les yeux
sont dirigés sur les côtés ; ces espèces sont partagées en trois grands
genres : les Vautours, les Griffons et les Faucons. Les vautours ont la
tête et une partie du cou presque à nu, et font leur nourriture de cadavres plutôt que de proie vivante. Les griffons ont la tête garnie de
plumes, des soies roides formant une sorte de barbe sous le bec, des
ailes très-longues et des tarses emplumés jusqu'aux doigts. Les faucons
ont la tête couverte de plumes ; leurs yeux sont surmontés d'une es-

pèce de sourcil! On distingue dans ce grand'genre : les faucons proprement dits, dont on se sert pour la chasse; les Aigles, les Vautours et
Éperviers, les Milans, les Buses, et les Messagers qui vivent de reptiles.
La deuxième famille comprend les Ducs ou hiboux, et les Chouettes ou
chats-huants; le trop grand éclat de la lumière blesse la vue de ces oiseaux; c'est pourquoi ils ne chassent que pendant le crépuscule et la
nuit.

L'AIGLE. — L'Aigle, cité comme le roi des oiseaux, est celui de tous qui s'élève le plus haut, et c'est pour cette raison que les anciens l'ont appelé l'oiseau céleste, et qu'ils le regardaient dans les augures comme le messager de Jupiter, le porteur de ses foudres. Il servit d'enseigne aux légions romaines et fut le symbole impérial.

L'Aigle habite les montagnes ; il vit dans la solitude, et ne souffre pas, dans l'étendue de son domaine, d'autres animaux qui puissent partager sa proie.

Cet oiseau bâtit son nid, appelé aire, sur les rochers les plus élevés, dans un lieu sec et inaccessible ; ce nid est construit avec des perches ou bâtons de cinq ou six pieds de longueur, appuyés par les deux bouts, et traversés par des branches souples : recouvertes de plusieurs lits de joncs et de bruyère. On assure que le même nid sert à l'Aigle toute sa vie.

La femelle pond ordinairement deux ou trois œufs qu'elle couve pendant trente jours ; elle nourrit ses petits avec les cadavres de tous les petits animaux qui se trouvent sur son chemin, et qu'elle tue ; ces oiseaux ne sont jamais plus redoutables et plus féroces que lorsqu'ils nourrissent leur progéniture. Il est arrivé plusieurs fois que des enfants ont été enlevés par ces animaux voraces.

L'Aigle est remarquable par sa longévité et par l'abstinence qu'il est capable de supporter pendant très-longtemps. A Vienne il en mourut un qui avait été plus d'un siècle en captivité. Un autre, par la négligence des domestiques, demeura trois semaines sans prendre de nourriture.

Le Grand Aigle habite les parties méridionales de l'Europe ; on le trouve aussi dans l'Asie mineure, en Perse, en Arabie et dans la haute Asie. Il y a plusieurs espèces d'aigles ; celle de l'aigle commun est très-répandue. On le voit en France, en Suisse, etc. Les Aigles de mer, plus gros que ceux de terre, ont les ailes plus courtes et le vol moins fort.

LE VAUTOUR. — Les Vautours sont, avec les aigles, les plus grands des oiseaux de proie. Ces deux genres d'oiseaux se ressemblent à cet égard, mais ils diffèrent par leur conformation et leurs habitudes.

Le Vautour est lâche et exhale une odeur infecte ; il n'a d'instinct que celui de la basse gourmandise et de la voracité ; sa tête et son cou dépourvus de plumes lui donnent un air ignoble ; l'odeur de la chair corrompue attire ces oiseaux dégoûtants de très-loin ; ils y volent en troupes : s'ils manquent de cadavres pour se nourrir et qu'ils soient pressés par latfaim, ils descendent près des habitations solitaires et fondentsur, les oiseaux de basse-cour ; ils ont'l'odorat très-fin.

A Carthagène, ces oiseaux sont très-utiles aux habitants, en dévorant les immondices dont'l'affluence extraordinaire rendrait le climat plus malsain qu'il ne l'est déjà: Dans quelques pays, ils rendent un service plus important encore, en détruisant les œufs du crocodile et en arrêtant ainsi la propagation de ce dangereux animal. Ils guettent la femelle lorsqu'elle dépose ses œufs dans 'le sable ; et,-lorsqu'elle est retournée'à l'eau, les Vautours se précipitent sur'le lieu, déterrent les œufs et les dévorent avec avidité.

'Ces oiseaux sont généralement répandus sur les hautes-montagnes du globe ; tous ne sont pas égaux en taille et'en force ; ces deux,puissants attributs divisent naturellement cette famille en grands et petits vautours ; ils ont tous les mêmes mœurs.

. Le Condor est remarquable par sa force et par sa grandeur; il possède même à un plus'haut degré que l'aigle, toute la puissance, toutes les, qualités qui'le rendent redoutable non-seulement' aux autres animaux,, mais aussi à l'homme.

Le roi des vautours, dont le nom ne répond ici qu'à la richesse de ses couleurs, est encore plus lâché qu'aucun des autres vautours: Il ne se nourrit que de rats, de reptiles, et de ce qu'il y a de plus dégoûtant.

Le Vautour était sacré comme l'ibis chez les anciens Égyptiens, sans doute à cause du service qu'il peut rendre en consommant les matières corrompues qui infectent l'air ;,cette espèce de vautour, nommé Vautour sacré d'Égypte, est de la,grosseur du milan royal.

LA CHOUETTE. — Oiseau de nuit connu'en Europe,.qui se,trouve avec quelques variétés en Amérique, vit de rapine comme le hibou, et' se retire de même dans les trous de masures.1Les Chouettes diffèrent principalement des hiboux, en ce qu'elles n'ont point comme eux deux aigrettes de plumes.'

LE MILAN. — Son vol est presque continuel et souvent il'se soutient à la même place sans paraître agiter ses longues ailes. Toute proie lui' est bonne ; mais la colère d'une poule défendant ses poussins, suffit pour l'arrêter. Le surnom de Royal, donné à cet oiseau ignoble et lâche, n'est dû qu'au plaisir que nos rois prenaient à le faire chasser par l'épervier.

PASSEREAUX

L'ordre des passereaux embrasse tous les petits oiseaux chanteurs et sauteurs, et tous ceux qui, comme eux, ont les ongles et le bec presque droits, des tarses faibles et courts, et quatre doigts, dont trois devant et un derrière. On le partage en cinq familles, d'après la forme des pieds et celle du bec. Les passereaux vivent pour la plupart de grains, de fruits, d'insectes. Les granivores ont le bec gros et conique. Les insectivores l'ont allongé pour happer la proie vivante.

LE BOUVREUIL. — Le Bouvreuil a ordinairement cinq à six pouces de longueur; il a le bec noir, court, fort et crochu, la queue est-courte; les yeux sont couleur de noisette, la tête et le cou gros, proportionnellement au reste du corps.

Les Bouvreuils passent la belle saison dans les bois ou sur les montagnes; ils font leur nid sur les buissons; mais, dans l'hiver, ils s'approchent des jardins et des vergers, où ils ravagent les bourgeons des arbres.

Dans l'état sauvage, le Bouvreuil n'a que trois cris, tous fort peu agréables; mais lorsque l'homme daigne se charger de son éducation, et lui faire entendre des sons moelleux et beaux, l'oiseau docile les imite avec justesse; il retient de même les mauvaises leçons. Cet oiseau apprend aussi à parler. Le Bouvreuil est capable d'attachement ; on en a vu d'apprivoisés s'échapper de la volière, vivre en liberté dans les bois pendant l'espace d'une année, et, au bout de ce temps, reconnaître la voix de la personne qui les avait élevés, et revenir à elle pour ne plus l'abandonner.

LE MOINEAU-FRANC. — Cet oiseau est si connu qu'on peut se passer de sa description ; le mâle se distingue de la femelle par une tache noire sur la gorge, les couleurs de son plumage sont plus vives.

Le Moineau est très-familier, mais si rusé, qu'on a de la peine à le prendre dans les piéges : il ne s'éloigne jamais de nos habitations et ne sort presque pas de nos jardins et de nos champs. Dans l'état sauvage, sa voix est dure et ne produit qu'un cri désagréable; ce n'est cependant pas faute de moyens, car lorsqu'il est élevé avec le chardonneret ou la linotte, il imite très-bien leur chant.

Les Moineaux sont généralement détestés par les fermiers, et peut-être injustement; car s'ils font quelque tort par le grain qu'ils consomment, ils peuvent être utiles par la quantité de chenilles qu'ils détruisent.

Ces oiseaux nichent au commencement du printemps, et font leur nid sous les toits des maisons ou dans des trous de murailles. Néanmoins il y en a quelques-uns qui le placent sur les arbres; ils le construisent avec du foin en dehors et de la plume en dedans; mais ce qu'il y a de singulier, c'est qu'ils y ajoutent une espèce de calotte par-dessus, qui couvre le nid, en sorte que la pluie ne peut y pénétrer. La femelle

2

PASSEREAUX

pond cinq œufs ; elle fait communément trois pontes par an : c'est pourquoi cette espèce est si multipliée.

Ces oiseaux portent beaucoup d'affection à leurs petits.

Le Moineau s'apprivoise très-bien ; on lui apprend même à parler.

LA MÉSANGE. — En général les mésanges sont de petits oiseaux ; les
plus grosses ne le sont pas autant que le moineau.

Ces oiseaux se nourrissent d'insectes, de graines, de fruits, d'amandes
et même de viande. Ils attaquent quelquefois des oiseaux deux ou trois
fois plus gros qu'eux, particulièrement la chouette, dont ils cherchent à
crever les yeux. Quand ils ont saisi de petits oiseaux, ils leurs percent
le crâne pour se nourrir de leur cervelle ; ceux qui se trouvent pris dans
des piéges deviennent leurs victimes. Les mésanges sont par conséquent
très-dangereuses à mettre en volière. Si on les considère avec attention,
on les trouvera pleines d'action et de vivacité ; elles sont sans cesse en
mouvement ; elles sont l'image de la force sous un petit volume et celui
de la pétulance, mais leur trop grande vivacité les précipite dans tous les
piéges ; il n'en est pas dans lesquels elles ne donnent, et plus impétueu-
sement qu'aucune autre espèce d'oiseaux ; lorsqu'elles se sentent prises,
elles se débattent, elles crient, elles se défendent avec intrépidité et en
usant de toutes leurs forces contre celui qui les saisit. Les mésanges sont
hargneuses entre elles, et elles se battent à toute outrance. A l'approche
de l'automne, on en voit dans les bois, le long des haies, dans les jardins,
même de Paris ; on les voit grimper le long des branches ou les suivre
en descendant, s'y tenir suspendues à contre-sens, tourner autour et ne
les quitter qu'après en avoir examiné tous les points, sondé toutes les
fentes et enlevé les insectes qui s'y étaient réfugiés, les chrysalides qui
s'y étaient fixées.

Il y a plusieurs espèces de mésanges : la Mésange bleue, la Mésange
barbue ou moustache, la Mésange à longue queue, la Mésange char-
bonnière, etc.; toutes construisent leur nid avec le plus grand art. Elles le
composent du duvet des fleurs du saule, du peuplier, du juncago ; elles
entrelacent ce duvet avec des brins de racines qui le fortifient et elles en
forment une sorte de feutre qui a presque la solidité du carton ; elles gar-
nissent l'intérieur d'une couche du même duvet plus fin, et suspendent
leur ouvrage à l'extrémité de quelques branches pendantes au-dessus de
l'eau, en l'attachant avec des orties et des feuilles sèches, capables ce-

pendant de les soutenir et de supporter les battements qu'occasionnent
les vents.

LE ROUGE-GORGE. — Le Rouge-Gorge, universellement admiré pour
la délicatesse et la légèreté de son chant, a le bec faible et délié, les yeux
grands, noirs et très-expressifs ; sa tête et le dessus du corps sont bruns,
mêlés d'un vert olive; le cou et la gorge d'une belle couleur orange
foncée, tirant sur le rouge.

Cet oiseau passe tout l'été dans les bois; il commence à couver au printemps, place son nid près de terre, sur les racines des jeunes arbres,
parmi les ronces et les épines; il le construit de mousse entremêlée de
crins et de feuilles de chêne, avec un lit de plumes au dedans ; ensuite,
pour le cacher à tous les yeux, il le comble de feuilles accumulées, ne
laissant sous cet amas qu'une entrée étroite, oblique qu'il bouche encore
d'une feuille en sortant.

Le Rouge-Gorge est au nombre des oiseaux de passage; l'hiver il se
rapproche de nos habitations et cherche les expositions les plus chaudes.
S'il en reste quelqu'un au bois dans cette rude saison, il y devient le
compagnon du bûcheron, il s'approche pour se chauffer à son feu, il bé-
quette dans son pain, et voltige toute la journée autour de lui, en faisant
entendre un petit cri. C'est lorsque le froid augmente, et qu'une neige
épaisse couvre la terre, qu'il vient jusque dans les maisons, et frappe du
bec aux vitres, comme pour demander asile; il paye alors de la plus
aimable familiarité ceux qui lui ont donné l'hospitalité, il vient ramasser
les miettes de la table, paraissant reconnaître et affectionner les personnes de la maison. Son ramage est moins éclatant, mais encore plus
délicat que celui du printemps; il le soutient pendant tous les frimats,
comme pour saluer chaque jour la bienfaisance de ses hôtes et la douceur de sa retraite. Il y reste avec tranquillité, jusqu'à ce que le printemps, de retour, lui annonçant de nouveaux besoins et de nouveaux
plaisirs, l'agite et lui fait demander la liberté.

Le Rouge-Gorge cherche l'ombrage épais et les endroits humides ; il se
nourrit, dans le printemps, de vermisseaux et d'insectes, qu'il chasse
avec adresse et légèreté.

L'HIRONDELLE. — LE MARTINET. — Des pieds courts, de longues
ailes, un corps fluet, un gosier très-ouvert, tout annonce l'élément dans
lequel vit l'Hirondelle ; voler est son état naturel. C'est en volant qu'elle

avale les mouches et les moucherons; elle boit, elle se baigne en volant et vole souvent encore en donnant à manger à ses petits. Tantôt plus, tantôt moins élevé, son vol est une annonce ou plutôt un effet de la sécheresse ou de l'humidité qui déplace les insectes; et l'hirondelle dans sa marche incertaine et brisée, mais toujours rapide, serait un but bien digne de l'adresse du chasseur; si l'on n'avait pas à rougir de détruire des hôtesses si utiles.

Domestiques par instinct, c'est dans nos cheminées, c'est à la campagne, jusque sur nos portes, qu'elles se multiplient rapidement, qu'elles déploient tant de soins et d'activité pour construire leurs nids, et nourrir leurs petits; et c'est sur nos corniches, qu'à l'approche de l'hiver, leurs nombreuses et bruyantes caravanes viennent se réunir pour passer en des climats plus doux, quoiqu'on ait tant de fois répété qu'on trouvait des monceaux de ces oiseaux engourdis au fond des cavernes, et même sous la glace des étangs.

Les Martinets sont, à proprement parler, des Hirondelles; mais on applique spécialement le premier de ces deux noms aux oiseaux de ce genre qui ont à proportion l'ouverture du bec plus large, les pieds plus courts et les ailes plus longues. Ces caractères appartiennent au martinet proprement dit, au martinet noir plus qu'à tout autre; son vol est plus élevé et plus rapide que celui des autres espèces d'hirondelles; il marche assez difficilement et se sert même de la longueur de ses ailes pour sautiller; son plumage est entièrement noir.

LE SERIN. — Cet oiseau était originairement particulier aux îles Canaries : il a été apporté en Europe vers le quatorzième siècle ; mais maintenant on l'y élève avec tant de facilité, qu'on peut dire qu'il y est naturalisé. Il a le bec couleur de chair pâle, ainsi que les jambes ; le plumage est en général jaune, plus ou moins mêlé de gris, et, dans quelques individus, de brun sur les parties supérieures du corps. On compte vingt-neuf variétés de serins. Ces charmants oiseaux sont bons maris, bons pères, et d'un caractère si doux, d'un naturel si heureux, qu'ils sont susceptibles de toutes les bonnes impressions, et doués des meilleures inclinations : ils récréent sans cesse leur femelle par leur chant ; ils la soulagent dans la pénible assiduité de couver ; ils l'invitent à changer de situation, à leur céder la place, et couvent eux-mêmes tous les jours pendant quelques heures ; ils nourrissent aussi leurs petits, et enfin apprennent tout ce qu'on veut leur enseigner.

LE CHARDONNERET. — Beauté de plumage, douceur de la voix, finesse de l'instinct, adresse singulière, docilité à l'épreuve, ce charmant petit oiseau réunit tout, il ne lui manque que d'être rare. Le chardonneret mâle chante dès l'équinoxe, et, dans la cage, il chante encore l'hiver. Le nid des Chardonnerets est ordinairement sur quelque branche mobile de prunier ou de noyer ; la ponte est de cinq œufs, excepté la troisième qui n'est que de deux.

LE ROSSIGNOL. — Cet admirable chanteur n'est point remarquable par la variété et la richesse de son plumage ; le dessus de son corps est d'un brun rouge mêlé d'olivâtre ; le dessous est cendré, presque blanc à la gorge et au ventre.

A l'égard du chant, le Rossignol possède une supériorité que les autres oiseaux ne sauraient lui contester. Il est certain qu'une des raisons qui le rendent remarquable, c'est que, chantant la nuit, au milieu du silence, et chantant seul, sa voix a tout son éclat. Il efface tous les autres oiseaux par ses sons moelleux et flûtés, et par la durée de son ramage. Il est étonnant qu'un si petit oiseau ait tant de force dans les organes de la voix.

Les Rossignols sauvages ne chantent que dix semaines dans l'année, tandis que ceux qui sont captifs continuent de chanter pendant neuf ou dix mois ; et leur chant est non-seulement plus longtemps soutenu, mais encore plus parfait et mieux formé.

3

PASSEREAUX

Le temps de la ponte des Rossignols est la fin d'avril ou le commencement de mai ; ils bâtissent leurs nids auprès des ruisseaux, sur les branches les plus basses des arbustes ; ils choisissent ordinairement les buissons touffus où les ronces et les épines sont bien entrelacées, parce qu'ils y sont plus en sûreté contre leurs ennemis. On prend facilement ces oiseaux dans des trébuchets tendus sur la terre nouvellement remuée, où l'on a répandu des nymphes de fourmis, des vers, etc.

Les Rossignols sont solitaires, et ne vont point par troupes comme la plupart des petits oiseaux ; ils se cachent dans les buissons les plus épais, et chantent peu pendant le jour.

ALOUETTE. — Cet oiseau se nourrit de grain, d'insectes et d'herbes. La hauteur de son vol, la force de son chant sont connues. C'est le mâle qui exécute cette ascension perpendiculaire, accompagnée de joyeuses modulations. Les alouettes deviennent très-grasses en automne, et on en prend un grand nombre que l'on vend pour la table sous le nom de Mauviettes.

LE MERLE. — Cet oiseau est l'un des premiers à célébrer, de sa voix harmonieuse et forte, le retour du printemps : le mâle, mis en cage, chante au moins pendant quatre ou cinq mois de l'année, et, outre son ramage naturel, il apprend tous les airs qu'on veut lui enseigner. Les jeunes merles sont plutôt roux que noirs, et leur bec est cendré ; mais en vieillissant les mâles deviennent extrêmement noirs, et leur bec jaunit ; la femelle seulement conserve les couleurs du premier âge, mais l'intérieur de la bouche est jaune dans les deux sexes.

Le Merle est commun dans toutes les contrées de l'Europe, et cet oiseau, soit que son espèce soit différente dans les diverses zones, soit qu'elle n'y soit qu'altérée et déguisée à nos yeux par l'influence des climats, se trouve également dans les diverses parties du monde. C'est une opinion sans fondement qu'il n'y a rien de si rare que de trouver des merles blancs ; il est au contraire assez ordinaire d'en voir de tout blancs ou qui sont au moins variés de cette couleur. Les Merles sont solitaires, on ne les voit jamais se rassembler en troupes ; ils habitent les bois et les lieux sauvages ; ils se rapprochent cependant des lieux habités, car il est assez ordinaire d'en voir dans les jardins de Paris.

LE LORIOT. — Le Loriot est peut-être le plus bel oiseau de nos contrées ; de la grosseur du merle à peu près, le Loriot est généralement mieux proportionné; sa robe répond à l'élégance de sa forme; tout son plumage sur la tête, sur le cou, sur le dessus et le dessous du corps, est d'un jaune brillant, en opposition au noir foncé des ailes et d'une partie de la queue. Le plumage de la femelle est d'un vert-olive sur les parties supérieures, d'un blanc gris sur le dessus du corps.

Le Loriot n'habite notre climat que fort peu de temps; il y arrive au printemps et le quitte dès la fin du mois d'août; les insectes lui servent de pâture à son arrivée; il se nourrit de baies et de fruits, à mesure qu'il en mûrit; on sait généralement qu'il a pour les cerises un goût de préférence.

LE GEAI. — La beauté du plumage de cet oiseau, et surtout la marque bleue dont chacune de ses ailes est ornée, suffisent pour le faire distinguer de presque tous les oiseaux d'Europe. Il a de plus sur le front un toupet de petites plumes noires, bleues et blanches : en général toutes ses plumes sont singulièrement douces et soyeuses au toucher; il sait, en relevant celles de la tête, en faire une huppe qu'il abaisse à son gré. Son cri est extrêmement désagréable. Les Geais nichent dans les bois, et loin des lieux habités, préférant les chênes les plus touffus et ceux dont le tronc est entouré de lierre. Ces oiseaux se nourrissent en grande partie de glands, de noix, de graines et de fruits de toutes espèces. En été ils sont très-nuisibles aux jardins, où ils détruisent les noix, les cerises et les groseilles.

Dans l'état de domesticité, le Geai devient très-familier; il répète et imite très-bien différents bruits.

LA PIE. — Elle a la queue longue et les ailes courtes; la poitrine, quelques plumes de ses ailes et chaque côté du corps sont blancs : le reste du plumage est noir, nuancé de vert et de violet; mais sa beauté est ternie par ses défauts. Turbulent, criard et querelleur, cet oiseau se rend toujours importun, et ne néglige jamais l'occasion de dérober quelque chose.

La Pie se nourrit de chair putréfiée et de toutes sortes de grains, de fruits et d'œufs d'oiseaux et de tous les petits oiseaux qu'elle peut trouver. Une alouette blessée, un poulet séparé de sa mère, deviennent sa proie sans difficulté; elle attaque même quelquefois une grive ou un merle. Dans toutes ses actions la pie montre un instinct supérieur à celui de tous les oiseaux.

PASSEREAUX

Dans l'état de domesticité, la pie conserve son caractère, ses habitudes et ses mauvaises inclinations; mais elle est si rusée, qu'elle montre plus de docilité qu'aucun autre oiseau. Elle apprend facilement à prononcer très-distinctement, non-seulement des mots, mais des phrases entières; elle imite aussi les différents bruits qu'elle entend.

On célébrait autrefois dans l'église Saint-Jean à Paris, une messe qu'on nommait *la Messe de la Pie*, et dont la fondation est due au fait suivant.

Une pie avait dérobé à diverses reprises des couverts d'argent dans une cuisine où elle pénétrait par la fenêtre lorsqu'il ne s'y trouvait personne. Le bourgeois accusa sa servante, porta plainte et la livra à la justice. Il existait alors une coutume atroce, que l'infortuné Louis XVI s'empressa d'abolir en montant sur le trône : on torturait un accusé pour lui faire avouer son crime, et souvent la violence des tourments arrachait un aveu mensonger de la bouche d'un innocent. C'est ce qui arriva cette fois à la malheureuse servante, et elle fut condamnée à mort. Les cuillers et les fourchettes furent retrouvées six mois après sur un vieux toit, derrière un amas de tuiles, où la pie les avait cachées, et où elle en portait encore d'autres. Le bourgeois, désespéré, fonda cette messe annuelle, pieuse réhabilitation d'une victime innocente.

LE CORBEAU. — Le Corbeau est un oiseau fort et grand; le corps est noir, mêlé de bleu, surtout les ailés et la queue; le bec est fort, dur et crochu à la partie supérieure; les pieds sont armés d'ongles noirs et crochus. Insensible aux variations du temps, naturellement fort et intré-pide, le Corbeau brave la rigueur des saisons; et, tandis que les autres oiseaux sont engourdis par le froid, ou affaiblis par la faim, actif et plein de vigueur, il ne songe qu'aux moyens de se saisir de sa proie.

Les Corbeaux fréquentent les environs des grandes villes, où ils se rendent utiles en dévorant les chairs putréfiées et autres immondices qu'ils découvrent de très-loin par l'odorat. Ils ont la précaution de se tenir éloignés pour qu'on ne puisse pas tirer sur eux.

Pris dans le nid, et élevé avec soin, le Corbeau devient très-familier, et possède plusieurs qualités qui le rendent extrêmement amusant : actif, curieux et téméraire, il se trouve partout, attaque et chasse les chiens, badine et fait des niches à la volaille; surtout il a grand soin de cultiver l'amitié de la cuisinière, qui, de toute la famille, est la personne qu'il chérit le plus. Mais, sous ses dehors amusants, il cache beaucoup de vices et de défauts : il est naturellement vorace, et voleur par habitude.

LE MARTIN-PÊCHEUR. — Il a le bec noir ; les flancs et le sommet de la tête sont d'un vert foncé, marqués de taches bleues. La queue est bleu foncé ; le reste du corps est orange, blanc et noir. Le Martin-Pêcheur se trouve dans toute l'Europe ; il se nourrit de menu poisson ; il se tient sur une branche avancée au-dessus de l'eau pour pêcher ; il y reste immobile, et épie souvent deux heures entières le moment du passage d'un petit poisson : il fond sur lui en se laissant tomber dans l'eau, où il reste plusieurs secondes ; il en sort avec le poisson au bec, qu'il porte ensuite sur la terre, contre laquelle il le bat pour le tuer avant de l'avaler ; néanmoins il en rejette les parties indigestes. Au défaut de branches avancées sur l'eau, le Martin-Pêcheur se pose sur quelque pierre voisine du rivage, ou même sur le gravier ; mais au moment où il aperçoit un petit poisson, il fait un bond et se laisse tomber d'aplomb.

Cet oiseau niche au bord des rivières et des ruisseaux, dans les trous creusés par les rats d'eau ou par les écrevisses ; il approfondit lui-même ces retraites, en maçonne et en rétrécit l'entrée.

GRIMPEURS

GRIMPEURS

L'ordre des Grimpeurs comprend les oiseaux dont le doigt interne se porte en arrière comme le pouce, ce qui leur donne une grande facilité pour s'accrocher aux branches des arbres, mais les gêne beaucoup pour marcher sur un terrain uni. Ils ont deux doigts en avant, et deux en arrière. Quelques-uns de ces oiseaux ont un bec grêle, et se nourrissent d'insectes et de vers ; les autres ont un bec gros et léger, et vivent la plupart de grains et de fruits.

Les principaux genres de grimpeurs sont : les Pics, les Coucous, les Toucans, les Perroquets, les Kakatoës, les Loris, les Aras et les Perruches.

Il ne faut pas prendre à la rigueur le nom de grimpeurs ; il y a parmi les passereaux des oiseaux qui grimpent, et parmi les grimpeurs des oiseaux qui ne grimpent pas, tels que le coucou par exemple. C'est là l'inconvénient, dit un naturaliste, des noms dont la signification est trop exclusive.

LE PIC-VERT. — Le genre du Pic est très-nombreux en espèces, qui varient par les couleurs et diffèrent par la grandeur. Ces oiseaux sont répandus dans les quatre parties du monde; ils habitent particulièrement les bois et les forêts. Ils ont un bec très-long, comprimé à sa pointe, et propre à fendre l'écorce des arbres; une langue très-longue, cylindrique, visqueuse et terminée par des pointes recourbées en arrière; ils peuvent la faire sortir de plusieurs pouces hors du bec et l'y retirer; ils s'en servent pour saisir les vers et les extraire des fentes de l'écorce. Ces oiseaux ont le vol court et rapide, les mouvements brusques, l'aspect farouche, la voix rauque, aiguë et perçante. Ils s'attachent, à l'aide de leurs pieds, au tronc des arbres, ils y montent, ou ils en descendent, ainsi que le long des principales branches, en s'appuyant sur leur queue, et en frappant, de distance en distance, avec leur bec, des coups redoublés. Lorsque les Pics ont frappé dans une partie d'un arbre, ils se portent précipitamment à la partie opposée, pour y saisir les vers que le bruit et l'ébranlement ont mis en mouvement, et qui cherchent dans cette circonstance à sortir des trous dans lesquels ils vivent. C'est ordinairement au cœur d'un arbre vermoulu qu'ils placent leur nid.

Le Pic-Vert est de la grosseur du geai; le dessous du corps est d'un vert pâle, le dessus d'un vert plus foncé.

Le Pic-Vert se tient souvent à terre, près des fourmilières. Il attend les fourmis au passage, couchant sa langue sur le petit sentier qu'elles ont coutume de tracer et de suivre à la file; et lorsqu'il la sent couverte de ces insectes, il la retire pour les avaler.

LE COUCOU. — Cet oiseau a environ quatorze pouces de long, et vingt-cinq d'envergure; il fait entendre son cri, que tout le monde connaît, depuis le milieu du mois d'avril jusqu'à la fin de juin.

Le Coucou ne fait pas de nid; et ce qui n'est pas moins extraordinaire, c'est que la femelle dépose son œuf dans le nid d'un autre oiseau qui a la bonté de le couver. Les nids qu'elle choisit pour cela sont ordinairement ceux de la verdière, de la fauvette, de la linotte et de l'alouette. La chair, les insectes, les chenilles surtout, sont la nourriture principale du coucou. Son plumage varie plusieurs fois dans le cours de sa vie; en vieillissant il reprend à peu près celui qu'il avait étant jeune. C'est dans l'intérieur de l'Afrique que se trouve le coucou indicateur, connu par son singulier instinct pour indiquer les nids des abeilles sauvages aux

GRIMPEURS

chasseurs et aux autres personnes qui cherchent le miel dans le désert.

LES PERROQUETS. — Les Perroquets ont le bec gros et recourbé, la langue épaisse et charnue; ils se nourrissent de fruits de toute espèce, et habitent les forêts de la zone torride. On appelle Kakatoës ceux qui ont sur la tête une huppe mobile; Loris, ceux qui ont des plumes rouges; Aras, ceux qui ont la queue longue et étagée, et les joues dénuées de plumes; Perruches, les espèces moindres que les Aras, et dont les joues sont recouvertes.

LE PERROQUET CENDRÉ. — Le Perroquet cendré, ou le Jaco, du nom qu'on lui donne et qu'il répète souvent, est du nombre des perroquets proprement dits, ou des perroquets de l'ancien continent, à queue courte et composée de pennes de longueur à peu près égales. Il est d'un gris de perle, avec des reflets violets; les grandes pennes des ailes sont d'un cendré foncé; les couvertures du dessus et du dessous de la queue, et les pennes dont elle est composée sont d'un rouge vermillon.

Ce perroquet nous vient de la Guinée où il est apporté de l'intérieur des terres. On en fait cas pour sa docilité en général, pour son aptitude et même son penchant à apprendre à parler et pour la facilité qu'il a de contrefaire certains gestes; car non-seulement il retient et répète en peu de temps les mots qu'on a le désir de lui apprendre, mais il articule aussi assez souvent ceux qu'on a prononcés plusieurs fois devant lui, sans intention d'en charger sa mémoire. Le Jaco est, comme les autres perroquets, susceptible de certain attachement et de sentiments d'aversion.

L'ARAS. — Les Aras, perroquets d'Amérique, sont beaucoup plus grands et plus richement habillés qu'aucun autre. Ils volent aussi beaucoup mieux, et vont ordinairement par paire. Malgré la voix rauque avec laquelle ils prononcent leur nom Ara, l'air menaçant que leur donne l'énormité de leur bec, et la dureté de physionomie qui résulte de cette peau nue et livide qui entoure leurs yeux, leur naturel est fort paisible, ils se familiarisent aussi plus aisément que tous les autres perroquets, ne vivant comme eux que de fruits.

Bien qu'ils habitent les mêmes climats, qu'ils aient la même façon de vivre, les Aras bleus et les rouges ne se mêlent pas, mais ils vivent séparés sans se nuire. La voix des bleus est encore plus rauque et moins distincte que celle des rouges; ce sont de tous les oiseaux, ceux que les sauvages admirent le plus, et ils en célèbrent la beauté dans leurs chansons.

GALLINACÉS

L'ordre des Gallinacés comprend les oiseaux pesants, à vol court, à mandibule supérieure voûtée, dont les narines sont recouvertes en partie d'une pièce charnue, et dont les pieds de grandeur médiocre ont les doigts de devant réunis à leur base par une courte membrane. La plupart couvent à terre sans faire de nids. Ils vivent principalement de graines, et avalent leur nourriture sans l'écraser. Quelques espèces ont les tarses armés d'un éperon pointu. Cet ordre renferme presque tous nos animaux de basse-cour. Nous citerons les grands genres qui lui appartiennent.

Les Pigeons, les Paons, les Dindons, les Faisans, le Coq et la Poule ordinaires, les Pintades et les Tetras, genres qu'on divise en petites tribus, qui sont : les Tetras, les Coqs de bruyère, les Perdrix et les Cailles, etc.

LÉ·FAISAN.—Originaires d'Asie, les Faisans sont communs en Es-
pagne et en Italie. En France, ils se passent difficilement du secours des
faisanderies; lâchés dans les parcs ils y deviennent un excellent gibier.
Du temps de la chevalerie, le Faisan fut aussi fêté que le paon.

La plus belle espèce des faisans est celle du Faisan doré de la Chine.
Malgré son caractère naturellement sauvage, impatient et ombrageux, ce
bel oiseau est susceptible de se familiariser. Ils se sont faits au climat
de l'Europe, et ont multiplié assez pour que l'espèce ne soit pas très-rare
aujourd'hui.

La femelle n'a aucune des couleurs brillantes dont le mâle est paré.

LE PAON.—Le Paon peut, à juste titre, être appelé le plus beau des
oiseaux; sa figure est noble et majestueuse; son plumage éclatant
réunit les plus belles couleurs; sa tête, petite et oblongue, est ornée
d'une aigrette qui semble être le diadème de la beauté.

Cet oiseau, qui paraît orgueilleux de l'éclat de son plumage, est
l'emblème de ces personnes vaines dont le seul mérite consiste dans la
richesse et l'élégance de leurs vêtements; car il est presque sans utilité;
sa chair est dure, sèche et sans saveur; sa beauté même est de peu
de durée, car ses plumes les plus brillantes tombent tous les ans.

Le Paon, comme s'il sentait la honte de cette perte, craint de se faire
voir dans cet état humiliant, et cherche les retraites les plus sombres pour
s'y cacher à tous les yeux, jusqu'à ce qu'un nouveau printemps, lui
rendant sa parure accoutumée, le ramène sur la scène pour y jouir des
hommages dus à sa beauté; car on prétend qu'il en jouit en effet,
qu'il est sensible à l'admiration, que le vrai moyen de l'engager à étaler
ses belles plumes est de lui donner des regards d'attention et des
louanges.

Quoique les Paons soient depuis longtemps naturalisés en Europe,
ils n'en sont pas moins originaires des Indes, où ils se trouvent en
grande quantité.

La voix du Paon est rauque et désagréable; ses plumes servaient
autrefois à faire des éventails; on en formait des couronnes en guise
de laurier, pour les poëtes appelés troubadours. En Chine, les plumes
du Paon sont une marque de dignité; les mandarins ont seuls le droit
d'en porter sur leurs chapeaux. Admiré des anciens, comme une
des plus belles productions de l'Inde, et célébré dans leurs fables pour

ses riches couleurs, le paon fut consacré par eux à la déesse Junon.

LA PERDRIX.—La Perdrix grise est un oiseau si connu qu'il serait superflu d'en faire la description. On la trouve dans toutes les provinces de France et dans la plupart des contrées de l'Europe ; cependant elle ne s'est pas portée également partout : elle paraît redouter également l'excès du froid et celui de la chaleur, et semble donner la préférence aux climats tempérés. Elle vit dans les plaines et se plaît surtout dans les pays à blé ; elle ne s'enfonce point dans les bois et elle ne fait tout au plus que les côtoyer sans y pénétrer.

La Perdrix rouge est plus recherchée.

LA CAILLE. — Les Cailles, plus petites que les perdrix, sont de passage : elles ont deux mues, même en cage, où le besoin de voyager les rend sensibles aux deux équinoxes. Les nuées de Cailles qui traversent la Méditerranée y sont souvent précipitées par les vents contraires.

Cet excellent gibier a une chair très-grasse et très-nourrissante ; sa chaleur naturelle est passée en proverbe. Les Chinois en ont une espèce particulière.

Les Cailles sont fort querelleuses ; on en a dressé à des combats à outrance entre elles.

ÉCHASSIERS

L'ordre des Échassiers comprend les oiseaux de rivage qui ont le
cou et le bec allongés, les pieds ou les tarses très-longs, les jambes nues
par en bas, ce qui leur permet de marcher à gué sur le bord des eaux
ou dans les ruisseaux et les marais, pour y chercher leur nourriture.
Ceux qui ont le bec fort, vivent de poissons ou de reptiles : ceux qui
l'ont faible, se nourrissent de vers et d'insectes. Quelques-uns se con-
tentent de grains et d'herbages, et demeurent alors éloignés des eaux.
On divise cet ordre en cinq tribus, dont les principaux genres sont :
les Autruches, les Casoars, les Pluviers, les Outardes, les Hérons, les
Grues, les Cigognes, les Ibis, les Poules d'eau.

LE PLUVIER A COLLIER. — Cet oiseau est très-petit; il fait son nid sur les rochers; il le compose d'herbes, de paille, etc.; il court très-vite sur les rivages, en interrompant sa course par de petits vols, et toujours en criant: Il est commun sur les côtes d'Angleterre, où l'on dit qu'il se nourrit d'escarbots et de petits-insectes. Dans quelques provinces de France, on connaît ces oiseaux sous le nom de gravières, en d'autres sous celui de criards.

LE HÉRON. — Le Héron commun a environ trois pieds de longueur; la couleur générale de son plumage est un gris blanc.

Le héron est admirablement conformé pour sa manière de vivre. Il a de longues jambes pour pénétrer dans l'eau, un long cou pour y chercher sa proie, et un large gosier pour l'avaler; ses ongles sont longs et armés de talons forts et crochus; celui du milieu, dentelé en dedans comme un peigne, lui sert à retenir le poisson glissant; son bec est armé de dentelures tournées en arrière, avec lesquelles il saisit d'abord sa proie.

C'est de tous les animaux connus, le plus formidable ennemi des poissons. Pendant l'été, le héron trouve une nourriture abondante, mais dans l'hiver sa proie ne venant plus s'offrir d'elle-même à lui, il est forcé de vivre, pendant ce temps, des herbages qui croissent sur l'eau.

LA POULE D'EAU. — Nous connaissons en France deux espèces de Poules d'eau; on les trouve également en été sur le bord des eaux qui arrosent les plaines et sur les rivages des lacs et des ruisseaux qui sont sur les montagnes; mais en hiver elles descendent généralement dans les plaines, et elles cherchent les eaux ou les sources qui ne gèlent pas: ainsi sans être oiseaux de passage, elles sont sujettes à de courtes émigrations réglées par les saisons.

La Poule d'eau proprement dite est de la grosseur d'un poulet de six mois; sa longueur, du bout du bec à celui des pieds, est de quatorze pouces; la tête, la gorge, le cou et la poitrine sont noirâtres; le ventre est d'un cendré très-foncé avec quelques taches blanches sur les côtés.

Les Poules d'eau sont un manger médiocre et peu recherché.

LA CIGOGNE. — Il y a deux espèces de Cigognes, la noire et la blanche, cette dernière est la plus remarquable; sa longueur est d'environ trois pieds: le bec, d'un beau rouge, a près de huit pouces de long; le plu-

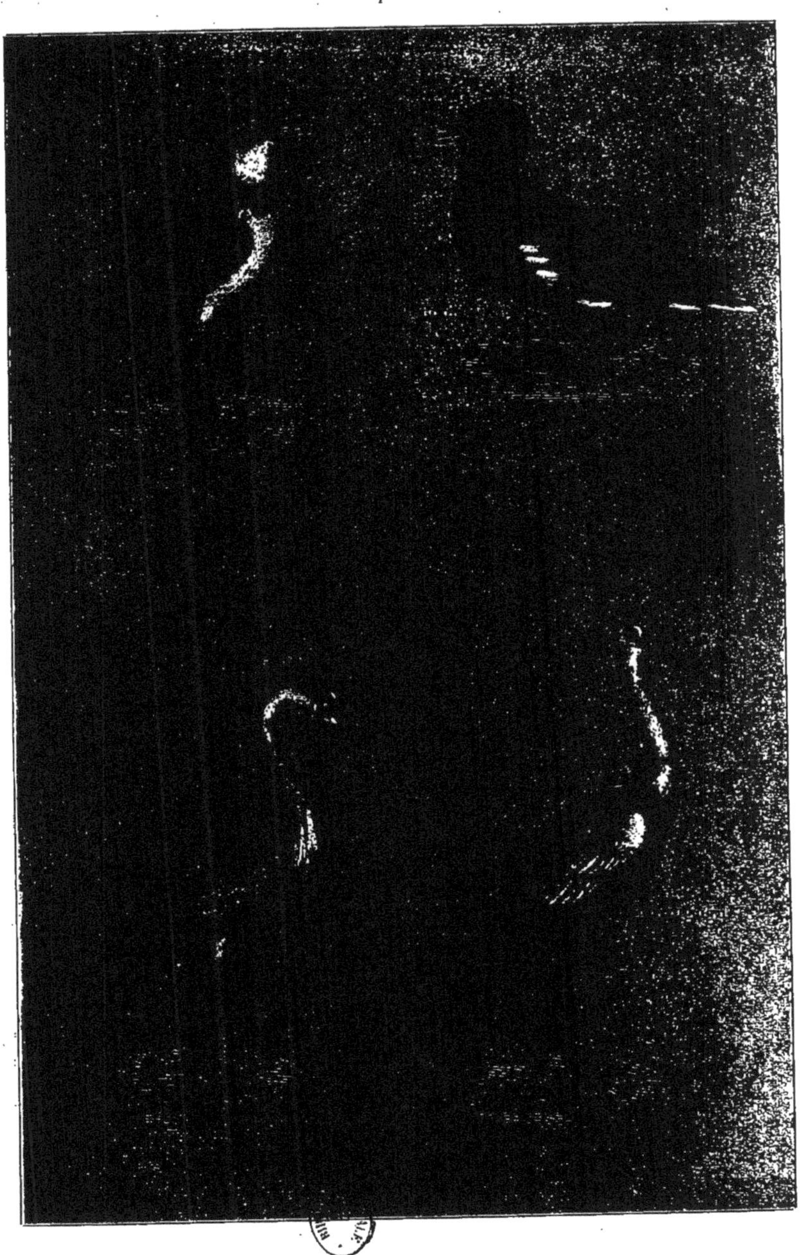

ÉCHASSIERS

mage est entièrement blanc, à l'exception de quelques plumes du dos et des ailes qui sont noires.

La Cigogne est d'un naturel assez doux ; elle n'est ni défiante, ni sauvage, et peut s'apprivoiser aisément et s'accoutumer à rester dans les jardins, qu'elle purge d'insectes et de reptiles. Les cigognes sont très-communes en Égypte et y rendent un grand service en détruisant les grenouilles qui sans elles deviendraient si nombreuses que le pays en serait infesté.

Les anciens attribuaient à la Cigogne plusieurs vertus morales : la tempérance, la fidélité conjugale, la piété filiale et l'amour maternel. Il y a une histoire célèbre en Hollande, d'une cigogne qui dans l'incendie de la ville de Delft, après s'être inutilement efforcée d'enlever ses petits, se laissa brûler avec eux, afin de partager leur sort.

Les Cigognes sont des oiseaux de passage ; elles observent une grande exactitude dans leur départ d'Europe, qui a lieu en automne. Elles vont passer en Égypte un second été et y élèvent une seconde couvée.

LA GRUE. — Cet oiseau a environ cinq pieds de long. Les Grues sont des oiseaux de passage ; l'hiver elles habitent les climats chauds de l'Égypte et des Indes, et, au printemps, elles retournent dans le nord.

A terre les Grues rassemblées établissent une garde pendant la nuit ; et la circonspection de ces oiseaux a été consacrée dans les hiéroglyphes, comme le symbole de la vigilance. La troupe dort la tête cachée sous l'aile ; mais le chef veille, la tête haute ; et si quelque objet le frappe, il en avertit par un cri.

PALMIPÈDES

Cet ordre comprend les oiseaux qui ont les pieds palmés ou formés pour la natation, c'est-à-dire, placés tout à fait à l'arrière du corps, très-courts, et palmés entre les doigts; leur plumage est serré, et imbibé d'un suc huileux, qui les garantit contre l'humidité. Ils se tiennent habituellement sur les eaux, et vivent de poissons et autres productions aquatiques. Cet ordre se divise en quatre familles, dont les principaux genres sont : les Plongeons, les Pingouins, les Manchots, les Pétrels ou oiseaux de tempêtes, les Sternes ou hirondelles de mer, les Pélicans, les Cormorans, les Fous, les Cignes, les Oies, les Canards, les Sarcelles.

Imp Lemercier, Paris

PALMIPÈDES

L'OISEAU DE TEMPÊTE. — Quoique ce nom puisse convenir plus ou moins à tous les Pétrels, c'est à celui-ci qu'il paraît avoir été donné de préférence, et spécialement par tous les navigateurs. Ce Pétrel n'est pas plus gros qu'un pinson; c'est le plus petit de tous les oiseaux palmipèdes, et on peut être surpris qu'un aussi petit oiseau s'expose dans les hautes mers à de longues distances de terre; aussi est-il des premiers à chercher un abri contre la tempête prochaine; il semble la pressentir par des effets de nature sensibles pour l'instinct, quoique nuls pour nos sens, et, par ses mouvements et son approche, il avertit toujours les navigateurs.

Lorsqu'en effet on voit, dans un temps calme, une troupe de petits Pétrels arriver à l'arrière du vaisseau, voler en même temps dans le sillage et paraître chercher un abri sous la poupe, les matelots se hâtent de serrer les manœuvres, et se préparent à l'orage qui ne manque pas de se former quelques heures après. Ainsi l'apparition de ces oiseaux en mer est à la fois un signe d'alarme et de salut. L'espèce de cet oiseau de tempête paraît universellement répandue.

LE PLONGEON. — Le corps de cet oiseau est entièrement couvert de plumes douces et épaisses; la tête et le cou sont bruns, ainsi que le dos et les côtes, qui sont plus foncés; la poitrine et le ventre sont d'un blanc argenté; les grandes pennes des ailes sont noirâtres. Ces oiseaux se nourrissent de petits poissons, d'herbes marines, etc.

LA GRANDE HIRONDELLE DE MER. — Au retour du printemps, ces hirondelles, qui arrivent en grandes troupes sur nos côtes maritimes, se séparent en bandes, dont quelques-unes pénètrent dans l'intérieur des provinces. Chaque femelle dépose dans un petit creux, sur le sable nu, deux ou trois œufs forts gros en comparaison de sa taille; elle ne couve que la nuit, et pendant le jour quand il pleut : elle abandonne ses œufs à la chaleur du soleil dans tous les autres temps.

FIN.

TABLE

PARIS — IMP. SIMON RAÇON ET COMP., RUE D'ERFURTH 1